CONSIDÉRATIONS

THÉORIQUES ET PRATIQUES

SUR L'OÏDIUM

ET SUR LA NOUVELLE MALADIE DE LA VIGNE

PAR

le Docteur BAUBIL

DE NARBONNE

BORDEAUX

IMPRIMERIE DE LA GUIENNE

20, RUE GOUVION

1862

CONSIDÉRATIONS THÉORIQUES ET PRATIQUES

sur l'Oïdium

ET SUR LA NOUVELLE MALADIE DE LA VIGNE.

CONSIDÉRATIONS

THÉORIQUES ET PRATIQUES

SUR L'OÏDIUM

ET SUR LA NOUVELLE MALADIE DE LA VIGNE

PAR

le Docteur BAUBIL

DE NARBONNE

BORDEAUX

IMPRIMERIE DE LA GUIENNE

(Émile Vᵉ Dupuy)

20, RUE GOUVION

1863

1869

CONSIDÉRATIONS

THÉORIQUES & PRATIQUES

SUR L'OÏDIUM

ET SUR LA NOUVELLE MALADIE DE LA VIGNE

L'esprit humain ne s'arrête jamais, il agrandit chaque jour le domaine de la science; mais ce sont surtout les questions spéciales mises à l'ordre du jour qui vont vite.

Aujourd'hui les grandes intelligences sont tournées du côté des infiniment petits, les savants et ceux qui veulent le devenir sont tous attirés vers ce point comme l'aiguille aimantée vers le pôle. Le mouvement est irrésistible, tout penseur ne marche qu'armé d'un chercheur.

La raison en est simple; elle tient à deux causes.

La première a son origine dans les grandes découvertes microscopiques de ce siècle.

La seconde vient de la perception des influences physiologiques et pathologiques que les mondes invisibles, les myriades atomatiques, végétales ou animales, peuvent exercer sur les fonctions et la vie des grandes et puissantes organisations de la création ; et de la certitude, tous les jours plus évidente, que les infections parasitiques s'étendent bien plus loin qu'on ne l'avait soupçonné, qu'elles attaquent et endommagent parfois l'air que nous respirons, nos aliments, nos boissons et notre organisme même.

Mais cette ardeur de recherches s'est surtout ranimée au cri d'alarme poussé par l'agriculture, quand les grandes invasions de ces petits barbares sont venues successivement fondre sur elle et compromettre la fortune publique, frappant d'abord nos vignobles de stérilité et les menaçant ensuite d'une destruction totale.

Au moment où nous rentrons dans l'arène, appelés nous aussi par une idée philanthropique, nous nous trouvons en présence de deux fléaux.

Le premier, le plus ancien, le plus universellement répandu, l'oïdium, celui qui a été le sujet unique de notre première étude et qui sera encore le principal de celle-ci, mérite bien d'occuper toujours le premier rang à cause des intérêts si vastes qu'il tient à sa merci.

Nous ne reviendrons pas sur la description de l'oïdium, nous croyons l'avoir tracée assez fidèlement dans la première partie de notre œuvre.

Notre but actuel étant surtout de toucher au traitement, nous nous contenterons de signaler en passant quelques traits de ressemblance et de dissemblance entre les deux maladies, — ce qui peut bien avoir son importance pratique, — nous réservant de parler spécialement à la fin, aussi brièvement que possible, de la nouvelle maladie.

Le premier trait de ressemblance c'est que les deux

maladies ont le parasitisme pour cause, et, par suite, la contagion pour effet inévitable. C'est qu'elles ont toutes les deux, que la contagion s'opère par le contact immédiat ou en traversant les distances, une puissance envahissante terrible qui leur vient de l'excessive fécondité, de la faculté génératrice incalculable des parasites.

Un point encore assez essentiel de similitude, c'est que chez tous les deux le parasitisme paraît s'endormir et s'éveiller avec la sève; c'est qu'on ne voit, en effet, aucun signe sensible d'activité de l'oïdium en hiver, ni d'exemple dans la nouvelle maladie qu'une souche se soit endormie vivante et se soit trouvée morte au réveil de la nature.

Comme premier signe différentiel, nous voyons que l'ancienne maladie a pour cause un parasite du règne végétal, un cryptogame qui ne s'attaque qu'aux parties tendres, son siége de prédilection où il reste fixé, et que la nouvelle a un parasite du règne animal, un puceron, suivant le sentiment d'une réunion de savants des plus compétents, qui ne s'attaque qu'aux parties dures et qui, souvent en mouvement, chemine pour fouiller et sucer tous les éléments de l'écorce, de celle de la partie souterraine du tronc et de celle surtout des racines.

Elles diffèrent encore en ce que la première laisse voir au grand jour la cause et la lésion, son siége étant tout aérien, tandis que la seconde ne laisse voir que le symptôme, le parasite restant à l'intérieur du sol.

Un dernier trait enfin qui les distingue d'une manière remarquable, c'est que le champignon n'est pas essentiellement mortel comme le puceron. C'est que ces deux redoutables ladrons, en venant voler la bourse, jonchent nos plaines et nos coteaux de blessés ou de morts, font une infirmerie ou un cimetière de nos précieux vignobles, suivant leur force de vampirisme ou l'importance des organes qu'ils attaquent.

En publiant notre ouvrage en 1862, nous avons eu pour but capital de bien déterminer et de bien préciser la nature et le siége de l'ancienne maladie de la vigne, afin de démontrer l'importance absolue du traitement avant la pousse, l'oïdium n'ayant plus, après les vendanges, la chute des feuilles et la taille, pour dernier et suprême asile, qu'un petit bout de courson où il reste exposé à nos coups.

Le traitement avant la pousse a donc une importance capitale, et c'est bien lui qui doit faciliter et amener la cure radicale de la vigne, si on le combine surtout avec une seconde opération, bien peu coûteuse, faite immédiatement après la pousse, opération que nous avons toujours considérée comme indispensable.

Cette seconde opération telle que nous la recommandons aujourd'hui nous paraît d'ailleurs une modification heureuse ; car, avec la sûreté de nos agents, elle nous dispense de l'opération que nous avions, en 1862, conseillé de faire immédiatement après la taille.

Le traitement pour la cure radicale de la vigne se borne donc à deux seules opérations : l'une faite au commencement du printemps, avec un parasiticide liquide, un peu avant la pousse ; et l'autre faite avec un parasiticide pulvérulent, peu après que la vigne a poussé.

Voici, au reste, les raisons fondamentales qui nous ont fait adopter l'opération après l'épanouissement du bourgeon, comme complément de l'opération avant la pousse.

C'est que, comme peuvent le juger les spécialistes, et comme nous en avons déjà exprimé la crainte, il se pourrait que, lors de la première opération, quelques germes restés cachés dans le tissu spongieux du bourgeon, ou quelques autres épargnés ou oubliés par une friction mal faite, vinssent nous exposer à un peu de *regain* parasitique.

C'est que, de plus, il serait peu prudent de sevrer tout-à-coup d'un reconstituant quelconque la vigne accoutumée de longue main à un certain degré de vie factice.

Nous conseillons donc cette seconde opération pour nous donner une parfaite garantie d'abord, et pour gratifier la vigne d'un surcroît d'activité et de vigueur.

Et nous conseillons qu'on se hâte; car les survivants, s'il y en a, commencent à *germiner*, à pulluler et à prendre dès que la serviette est mise.

Nos parasiticides jouissent, nous le répétons, d'une grande énergie; les deux agents qui les composent sont deux enfants du progrès qui ont fait leurs preuves. Nous les avons unis pour doubler leur force, et de leur mélange il résulte même une puissance telle, que nous ne pouvons l'attribuer qu'à une vertu électrique développée par les frottements répétés qu'exige une préparation irréprochable.

Nous allons faire connaître nos parasiticides; car, du moment où nous croyons pouvoir compter sur leur fidélité, nous n'avons plus de réserve à garder et nous voulons que tout le monde soit mis en mesure de les juger et d'en apprécier la valeur.

Au reste, nous n'avons pas la prétention de barrer la route aux autres ; notre désir, au contraire, a été de la rendre sûre et facile en l'éclairant.

Un problème résolu pour guide, c'est la boussole qui fait passer la navigation des rames aux voiles et à la vapeur.

Toute pratique supérieure à la nôtre ne ferait d'ailleurs que confirmer la partie théorique de notre travail, ce à quoi nous tenons avant tout.

Le premier agent, celui qui doit servir avant la pousse, est un parasiticide liquide, c'est un composé *d'eau sulfureuse coaltée*.

Le second, celui qui doit servir après la pousse, est un parasiticide pulvérulent, c'est le *soufre coalté*, sur lequel nous allons revenir.

En résumé, pour le traitement de la cure radicale de la vigne, nous nous bornons à deux seules opérations, l'une avant, l'autre après la pousse.

Pour la première opération, qui sera faite vers le mois de mars, un peu avant l'éclosion, il suffit de s'armer d'un pinceau, d'une tasse et d'une bouteille pleine, bien rebouchée chaque fois que l'on s'en servira, et de faire une friction générale qui embrasse la totalité du courson, sans négliger les éraillures et les décollements de la peau, qui sont toujours plus exposés au mal.

Cette opération pourrait se faire encore avec un mélange de coaltar et de soufre. Il suffirait de couvrir d'un enduit de ce parasiticide la totalité de l'écorce du courson, en ayant soin de laisser les bourgeons libres, et de les lotionner ensuite avec l'eau sulfureuse coaltée.

6

Pour la seconde opération, il suffit de se munir d'une
boîte et du toxique pulvérulent que l'on répandra exacte-
ment sur tous les bourgeons bien épanouis, dès qu'ils
ont quelques centimètres de hauteur.

Soufre à aiguille.

L'apparition de l'oïdium causa une stupeur indicible.
La vigne, cette source inépuisable de la prospérité,
frappée par une maladie inconnue, ne donnait plus que
des produits insignifiants et de médiocre qualité, et le
fléau, borné au début, devint bientôt une calamité générale.

Revenu de sa surprise et poussé par l'urgence, l'esprit public se met avec une activité dévorante à la re-
cherche d'un remède. Après de bien nombreuses et
infructueuses tentatives, le soufre entre en scène, et
l'oïdium est dominé, sinon anéanti, une partie échap-
pant à l'atmosphère délétère qui l'enveloppe.

Cette planche de salut qui reste à une partie du vampirisme, fait que la bataille n'est jamais décisive. Servi
par sa prestigieuse faculté germinative, que viennent
encore souvent favoriser certaines conditions atmos-
phériques, l'oïdium s'organise pour de nouvelles et
prochaines invasions, qui sont toujours, il est vrai,
repoussées avantageusement quand on arrive à temps.

Sans tenir compte de ce que vers ces derniers temps
on a signalé quelques points où le soufre paraît s'être
montré impuissant, il serait toujours à désirer, pour
éviter, autant que faire se peut, les retours successifs

du mal, de trouver un moyen de rendre le soufre plus efficace.

Eh bien, ce moyen existe, il est dû à l'union de deux substances qui jouissent d'une haute réputation, le soufre et le coaltar : le premier comme parasiticide et le second comme désinfectant.

Le soufre coalté, en effet, par le mélange et surtout encore par la manipulation de deux substances souveraines, acquiert une puissance qui ne peut être expliquée que par l'exaltation des forces naturelles de ces agents.

Son évaporation subtile et instantanée au moindre rayon de soleil donne lieu à des émanations si intenses, si condensées, si meurtrières, et ses effets contre l'oïdium doivent produire tant de ravage et tant de carnage, qu'on pourrait certainement appeler ce produit : — Le soufre à aiguille.

Nous ne saurions donc trop recommander de remplacer le soufre pur par le soufre coalté.

Pour nous, nous l'avons employé dans toutes nos vignes en 1868, et à quelques très rares exceptions près, un seul soufrage nous a suffi.

Pour plus de sûreté, nous en conseillerons cependant deux, qui seront d'ailleurs peu dispendieux : — l'un avant la floraison, et l'autre après, quand le raisin a noué.

Et si ce traitement est confié à des mains intelligentes et sur lesquelles on puisse compter, il pourrait bien arriver avec le soufre coalté que le traitement palliatif devînt un véritable traitement curatif et que l'on pût arriver peut-être à se passer de l'opération, fort délicate d'ailleurs, faite avant la pousse.

Pour cette année d'ailleurs, notre avis venant un peu tard, il arrivera forcément, au moins pour le plus grand nombre, qu'on sera obligé de s'en tenir à l'ancienne méthode, au traitement après la pousse ; et alors nous recommanderons de nouveau, nous recommanderons avec instance, de substituer le soufre coalté au soufre pur.

La nouvelle maladie de la vigne.

Le sujet que nous abordons est fort délicat, il n'a pas encore franchi la période confuse des erreurs, des hypothèses et des découvertes, il subit le sort commun à tout événement nouveau, mais il ne peut rester long-temps dans l'ombre, car il a eu le funeste privilège d'attirer promptement sur lui l'attention du public et des maîtres.

Malgré ce grand concours d'habiles et dévoués ouvriers, on fait toujours de nouveaux appels, et dès-lors nous n'avons plus hésité à porter notre petite pierre à l'édifice, nous réservant le mérite d'être bref et d'éviter les répétitions inutiles.

Nous ne ferons pas l'histoire de la maladie dont les bords du Rhône ont été le théâtre, nous ne pourrions être que l'écho des voix autorisées qui ont eu tant de retentissement. Nous nous bornerons à signaler son apparition dans l'Aude, les caractères qu'elle a présentés et les idées théoriques et pratiques qu'elle a fait naître dans notre esprit.

La nouvelle maladie fut remarquée pour la première

fois dans les environs de Narbonne, en 1866, et notamment chez M. de Beauxhostes, à la Caforte, et chez M. Peyras, son voisin ; mais le dommage fut encore peu sensible.

L'année suivante le mal prit tout-à-coup un tel degré de gravité qu'un appel fut fait au Comice agricole. Séance tenante, le Comice nomma une commission à laquelle nous eûmes l'honneur d'être adjoint.

Comme point de départ, nous devons signaler un phénomène qui a une grande importance comme signe révélateur, et dont nous avons aperçu les indices jusques dans plusieurs communes des environs, non encore frappées ; c'est que dans toutes les vignes qui avoisinent les points atteints de l'étisie aux pâles couleurs, par un contraste frappant, on aperçoit de toute part des feuilles ayant une teinte rougeâtre plus ou moins nette.

Le fait est constant.

Est-ce là le prodrome de la maladie, ou une maladie concomitante ?... Toujours est-il qu'il existe une corrélation directe entre cet état et le mal, et qu'on ne voit jamais l'un sans l'autre, au moins à Narbonne.

Nous inclinons, pour notre part, à penser que ce sont là deux manifestations variées de la même cause morbifique dont elles marquent la différence du degré d'intensité.

Ne voit-on pas en effet, par analogie, dans les contrées où règne une épidémie de choléra, pendant que certains individus sont frappés de la peste noire, une grande partie des populations sujettes aux troubles des voies digestives avec sentiment de malaise, tendance aux sueurs et légère diarrhée ? C'est là le premier degré, c'est la cholérine prémonitoire qui, livrée à elle-même, peut devenir le véritable choléra. C'est le moment de prendre des précautions, et le choléra arrêté dans sa course ne fera presque pas de victimes.

Aux premiers indices de l'altération des feuilles, qui sont les signes prémonitoires de l'étisie, il faudra donc se hâter d'agir pour pouvoir le faire avec fruit, car si on attend que la maladie se soit déclarée et aggravée, elle sera aussi difficile à guérir que le choléra.

Arrivée à la Caforte et conduite à l'entrée d'un jeune et robuste aramon, la Commission en parcourut toute l'étendue avec un œil de satisfaction. Cette vigne se présentait en effet dans les meilleures conditions, son port était partout parfait, excepté sur un seul point situé vers le bord occidental où nous nous trouvions.

Parvenue en face du mal, la Commission aperçoit avec stupéfaction, dans un espace presque circonscrit, un millier de souches mortes ou mourantes qui, comme des suppliciés demandant grâce, élevaient vers le ciel leurs petits bras partiellement ou entièrement desséchés.

Ouvrons ici une parenthèse pour peser collectivement la valeur des opinions émises sur l'étiologie de la maladie.

A l'apparition d'une nouvelle calamité, la plus désastreuse de toutes celles qui ont jusqu'à présent fondu sur la viticulture, un empressement louable s'est manifesté de toute part pour la combattre.

Il importait avant tout de connaître le principe de la maladie « *ce qui fait que la chose est* » aussi les principales recherches se sont-elles dirigées de ce côté.

L'idée, émise au début par un homme de mérite, d'une cause spécifique cryptogamique, n'a pas prévalu, l'examen le plus attentif n'ayant fait découvrir de parasite de cette nature nulle part.

A la Commission de la Société centrale d'agriculture de l'Hérault revient l'honneur d'avoir découvert la cause spécifique, le puceron, et il n'est pas à notre connaissance qu'il y ait encore de dissidence sur ce point.

Le puceron admis comme cause première, plusieurs savants, fort recommandables d'ailleurs, sont venus signaler une série de causes prédisposantes qui, en modifiant peu à peu l'économie de la vigne, la disposeraient aux atteintes du mal.

Parmi ces causes, il faudrait surtout noter les suivantes :

« La pauvreté ou l'épuisement du sol, et par suite le défaut d'alimentation ; le sol mal nivelé, rendu mouilleux et froid dans les parties basses ; les sous-sols à fonds d'argile ou de tuf ; la caducité de certains cépages ; les terres couvertes de cailloux roulés, rendues très froides l'hiver et très chaudes l'été ; les froids rigoureux et les sécheresses prolongées ; tout ce qui peut enfin nuire à la prospérité de la vigne. »

Eh bien, pour notre part, nous tenons simplement pour négatives toutes ces causes regardées comme positives.

A-t-on vu en effet jusqu'ici le parasite glouton s'attaquer aux racines maigres, momifiées et coriaces des vieilles vignes ? Et ne l'a-t-on pas vu au contraire choisir les racines fraîches, tendres et gonflées de sucs nourriciers des jeunes et belles vignes ? Est-ce que les sauvages ne commencent pas par dévorer les plus grasses de leurs victimes ? Et les gourmands ne préfèrent-ils pas les meilleurs morceaux ? Est-ce que l'appât d'un beau vignoble ne doit pas charmer, ravir et séduire les bandes de pucerons, comme l'Empire romain et ses plus belles provinces fascinaient et attiraient passionnément les hordes de barbares vers les premiers siècles de notre ère ?

Il est vrai, qu'on nous dit que le puceron parasite vient après coup, attiré lui aussi par la curée, comme les poux dans la teigne ; mais on voit dans les teignes des pâtés juteux de champignons recouverts de croûtes affriolantes, et l'on ne voit nulle part dans l'étisie de crasse parasitaire où puisse grouiller et paître l'insecte.

Il se peut bien qu'après les jeunes et les belles vignes le parasite s'abatte sur les vieilles et sur toutes celles qui sont dans les positions critiques que l'on a signalées, et alors gare à elles ! car elles auront d'autant plus à souffrir que leur force de résistance sera moindre.

Il se peut même qu'après le Midi, le *puceron* envahisse le Nord, car il a l'appétit d'un conquérant.

Les vignes prospères sont certainement les plus exposées, ce qui ne veut pas dire qu'il faille les négliger et nous priver de leurs riches produits en vue d'un désastre qui, peut-être, ne se réalisera pas. Nous croyons même que le meilleur moyen de l'éviter, c'est de ne rien changer à leurs habitudes et de leur continuer une bonne culture ; mais en les surmenant pour prévenir le fléau, on pourrait bien l'attirer.

La seule conduite à tenir, selon nous, c'est de soigner la vigne comme par le passé dans les contrées où le mal n'a pas encore paru; et dans les centres au contraire où la maladie s'est déjà déclarée, comme dans les régions où elle a commencé à poindre, ce qui se reconnaît à diverses altérations des feuilles, c'est de se hâter d'agir en combinant les remèdes avec les engrais et les soins de culture, pour soutenir les vignes pendant le traitement et les remettre encore quand elles sont déjà épuisées.

Fermons la parenthèse sans sortir du point où nous a placé le hasard, position unique peut-être pour démontrer que les meilleurs esprits peuvent s'égarer, et que les causes occasionnelles sont plutôt celles qui procurent le confort au parasite goulu que celles qui l'exposeraient aux privations.

On a signalé comme causes prédisposantes tout ce qui peut indisposer la vigne et lui nuire.

— *La pauvreté et l'épuisement du sol*, et nous sommes sur une terre de première classe, malléable et perméable, qui sort de luzerne et qui n'a jamais porté la vigne ; — *le sol mal nivelé et rendu mouilleux dans les parties basses*, et nous nous trouvons sur la partie la plus élevée, et nous devons même ajouter que vers le levant de cette grande pièce de terre où l'eau séjourne un peu sur un point à l'époque des grandes pluies, l'on n'a jamais vu là de symptôme de la maladie ; — *les sous-sols d'argile ou de tuf*, et nous avons ici un sous-sol sablonneux ; — *la caducité des cépages*, et il s'agit dans ce cas-ci de l'aramon, un cépage qui était à peine connu dans nos contrées vers les premières années de ce siècle ; — *les terres couvertes de cailloux*, et l'on ne trouverait pas, en cherchant bien, un seul caillou dans toute la vigne : — *les froids rigoureux* et *les sécheresses prolongées*, et le drame se passe dans le printemps de 1867, bien avant les gros froids et la sécheresse.

Au reste, s'il faut des vignes disgraciées à la nouvelle maladie, elle a fait fausse route en venant s'attaquer à un des propriétaires les plus instruits et les plus résolus à ne reculer devant aucune dépense utile.

Au lieu d'accuser la cachexie des vignes, disons que les deux vrais coupables pourraient bien être leur jeunesse et leur vigueur, pour le début au moins, comme nous l'avons observé pour l'oïdium quand il a commencé à sévir.

Et si nous avons un peu insisté sur ce point, c'est à cause de son importance fondamentale, et pour ne pas laisser dans une trop grande sécurité les propriétaires des vignes privilégiées.

Les causes morbides ne sont pas d'ailleurs toutes favorables ou défavorables au parasitisme. Ainsi nous voyons dans la fièvre typhoïde, le choléra et tant d'autres graves maladies, la disparition *momentanée* de la teigne et de la gale, tandis que nous voyons la scrofule et la syphilis prédisposant aux teignes, la première au favus, et l'autre à la teigne tonsurante et à la pelade; nous voyons l'acidité de la salive prédisposer au muguet et la grossesse au chloasma ou masque des femmes enceintes; il n'est pas jusqu'à la malpropreté qui ne puisse servir de pâture.

Toutes ces dispositions ou indispositions de la part des parasites pour telle ou telle autre maladie, comme l'aptitude de diverses maladies à contrarier et de certaines autres à favoriser le parasitisme, pourraient bien s'expliquer par la thèse que nous soutenons.

Ainsi la fièvre typhoïde et le choléra seraient contraires au parasitisme, en ne lui offrant qu'un terrain fort ingrat, quand la grossesse, la scrofule, la syphilis et la malpropreté même lui seraient fort avantageuses, en lui procurant un terrain des plus confortables, suivant la condition et la constitution du parasite.

L'incitation du ventre doit donc être la seule loi que connaisse le puceron, aussi l'a-t-on vu jusqu'ici fondre sur les vignes jeunes et fertiles, et les abandonner dès qu'elles sont épuisées.

En clôturant cette digression, nous devons dire cependant que nous nous inclinons franchement devant les opinions d'un savant que nous estimons et que nous respectons trop pour douter un seul instant de sa bonne foi et de la sûreté de son jugement. Et quand il vient, admettant avec loyauté la cause efficiente de la maladie, nous assurer que les gros froids et la grande sécheresse sont venus précipiter et accumuler le désastre, il faut tenir grand compte de cette affirmation.

Il se peut bien, en effet, que le froid en répercutant la sève, et la sécheresse en en tarissant la source, aient enlevé leur force de résistance aux vignes, même, les mieux disposées, et les aient mises dans des conditions à être fort cruellement éprouvées, si surtout le puceron s'y trouvait déjà établi.

A Narbonne, cependant, les choses ne se sont pas passées ainsi, et quoique nos vignobles aient été fort maltraités par les intempéries des saisons dernières, la nouvelle maladie n'a pas fait de progrès sensibles. Elle s'est bien un peu aggravée chez M. Peyras, mais chez M. de Beauxhostes, où l'on a arraché et replanté, elle n'a pas reparu. Il y a bien eu quelques apparitions nouvelles, mais en revanche il y a eu des disparitions, et là même où la mortalité avait commencé l'an dernier. Mais c'est surtout le germe de la maladie, l'altération des feuilles, qui a sensiblement diminué et qui a même disparu de certains lieux où il s'était montré avec le plus d'intensité.

Dieu veuille que ce soit pour toujours !

Il y a après cette irrégularité dans la conduite de la maladie, bien d'autres caprices à expliquer.

Ainsi quand à Narbonne en 1867, l'avant-garde, — le puceron ailé peut-être?... — se montre un peu partout, pourquoi le dévastatrix, malgré la tentation que lui offre la vue d'un plus ample et tout aussi riche butin, a-t-il, de gré ou de force, ses limites et des frontières qu'il n'a pas encore franchies? Pourquoi ne prend-il pas subitement partout comme l'oïdium? Pourquoi ne s'attaque-t-il qu'au bois au lieu de s'attaquer aux parties vertes comme ce dernier, ou tant d'autres parasites du règne animal? Comment a-t-il pu faire son apparition dans l'Aude en franchissant d'un bond le département de l'Hérault? Pourquoi les prodromes sont-ils sans gravité et la maladie déclarée si désastreuse? Ces deux états sont-ils dus à une cause identique et n'en marquent-ils que la somme? ou bien y a-t-il deux animalcules d'une organisation différente dont le précurseur opérant à la surface du sol, vers le collet de la tige, ne ferait que des piqûres bénignes, et l'autre s'attaquant aux racines, organes où se sécrète et s'élabore la sève, produirait des morsures d'une grande malignité?

Mystères! gros mystères !

Une simple hypothèse expliquerait bien des choses.

Si les pucerons ailés, par exemple, qui ont pu subir certains changements dans leur forme ou leur organisation, sans que toutefois il y ait transformation d'une espèce dans une autre, n'étaient que des mâles et des femelles non fécondées, ils pourraient fort bien, dispersés au loin, jouer un rôle secondaire et produire certaines manifestations morbides, sans jamais arriver à développer la vraie maladie, leur nombre ne pouvant pas augmenter.

Les mâles des pucerons doués d'une certaine vivacité comme ceux des acares, et les femelles non fécondées plus alertes que leurs compagnes, tous les deux pourvus de leurs ailes pour se laisser emporter, pourraient bien former ces nuées de tirailleurs qui donnent lieu aux signes révélateurs; comme ils pourraient expliquer la marche de la maladie par bonds s'ils parvenaient à s'unir et à se féconder sur un point, et expliquer aussi leur disparition et leur anéantissement s'ils ne parvenaient pas à se reproduire, et s'il n'arrivait pas de nouvelles migrations.

Ici trouve sa place une question des plus graves.

Dans les nouvelles plantations y a-t-il lieu de prendre des précautions en vue de la transmission de l'une ou de l'autre maladie de la vigne?

En thèse générale, le parasite venant toujours du dehors et naissant d'un être semblable à lui-même, la transmission d'une maladie parasitaire ne peut pas avoir lieu par voie d'hérédité comme cela peut arriver pour les affections constitutionnelles; mais une maladie peut être innée sans être congénitale, et ce fait peut se présenter dans les cas particuliers qui nous occupent, car si les plants ne sont pas viciés par

une diathèse, ils peuvent bien l'être par le parasite lui-
même venu du dehors.

On comprend que l'oïdium pourrait être transmis par
de simples boutures ou par des plants chevelés qui
auraient leur écorce couverte de ce parasite.

On comprend aussi que la maladie nouvelle pourrait
être transportée par des plants racinés qui auraient,
au moment où on les met en terre, leurs racines enva-
hies par des pucerons encore vivants.

Il convient donc, avant la plantation, pour faire disparaître tout danger, si l'on conçoit la moindre crainte,
de faire périr avec un bon parasiticide tous les parasites qui pourraient recouvrir l'écorce ou les racines.

Les opinions sur la grave question de l'étiologie
exposées, et nos observations faites, nous revenons
aux recherches de la Commission.

Ce qui frappait le regard d'emblée et portait le deuil
dans l'âme, c'était l'aspect misérable de ce petit carré
de vigne entouré de toute part d'une végétation luxu-
riante, c'était la perspective désolante d'une invasion
générale.

On voyait, pêle-mêle, dans cet espace, des souches
gravement atteintes et d'autres totalement mortes ayant
la couleur et la consistance du bois sec.

Toutes les manifestations morbides prouvaient que,
par une cause occulte, la sève péchait par quantité et
par qualité, et amenait un temps d'arrêt forcé dans la
végétation, l'altération de la constitution et le dépéris-
sement graduel.

Les sarments malingres et atrophiés, longs comme
des baguettes de tambour, se desséchaient par l'extré-
mité supérieure et ne restaient verts à leur base que

dans l'intervalle de quelques nœuds ; les feuilles d'une couleur jaune tendre et presque transparentes n'atteignaient que la grandeur d'un écu de six livres et quelquefois même que celle d'une pièce de vingt ou quarante sous ; les jeunes raisins tombaient en poussière, quelques grappes seulement situées à la naissance du sarment gardaient quelques grains verts de la grosseur du fort plomb de chasse.

Nulle trace apparente de cause de maladie.

Tel fut le résultat d'un examen attentif à l'extérieur.

Si l'on arrachait les souches sèches, on trouvait leurs racines mortes ou quelquefois vivantes encore.

Que les racines fussent mortes ou vives, qu'elles appartinssent à des souches sèches ou seulement malades, elles étaient toutes recouvertes d'une écorce éléphantiasique, noire, ramollie, tombant en lambeaux à la moindre pression ou traction.

Le corps ligneux des racines mortes était devenu dur, ferme et noirâtre.

Et nous devons avouer, en toute humilité, qu'aucune cause de maladie ne fut découverte encore.

Et cependant il y avait parmi les Membres de la Commission un éminent naturaliste, un chercheur patient et ingénieux, M. l'abbé Prax.

Deux souches avec leurs racines furent même envoyées à Montpellier, et nous ne savons pas que la Société d'agriculture ait découvert la moindre chose à cette époque.

Notre Président, viticulteur distingué, émit l'opinion que le mal pourrait avoir pour cause une tache de sel. Mais outre que cette pièce de terre n'avait jamais présenté de pareil défaut, nous étions sur un point élevé et le sel ne remonte que dans les dépressions de terrain.

Chez M. Peyras, il ne se présenta rien de particulier, sinon que le mal était plus étendu et plus disséminé. Mais quoiqu'on en aperçût, çà et là, quelques vestiges, il n'avait pas cependant perdu son caractère de concentration, car on rencontrait deux larges places où la dévastation avait accompli son œuvre.

Ici le sous-sol était argileux, croyons-nous, et si nous devions admettre une des influences déjà dénoncées, ce serait bien celle d'un sous-sol où l'eau est conservée comme dans un verre, ce qui doit lubrifier les racines et les disposer à la dent du puceron.

Les deux visites avaient été fort longues et assez fatigantes, aussi, au retour, en passant devant notre campagne, craignîmes-nous d'abuser de la patience des membres de la Commission, en les invitant à venir visiter nos vignes où le mal s'était déjà déclaré.

Nous rendrons compte nous-même, en quelques mots, de nos propres observations sur ce point.

M. le vicomte de Chefdebien, secrétaire du Comice, nous invita quelques jours après à aller visiter son domaine dépendant du château de Bizanet.

Qu'il nous soit permis ici de remercier M. de Chefdebien de l'accueil plein de courtoisie qu'il nous fit avec sa grâce naturelle, et dont nous avons conservé, comme tous nos collègues, un bien précieux souvenir.

Nous ne reviendrons pas sur l'historique de la nouvelle maladie, nous ne pourrions que dépeindre encore les tristes images que l'on connaît déjà.

Nous nous bornerons à signaler que l'altération rougeâtre des feuilles était répandue sur toutes les vignes de Bizanet, et que quand les hostilités avaient commencé sur toute la ligne, par une singularité fort remarquable, les propriétés de M. de Chefdebien étaient seules, avec plus ou moins de violence, frappées de mortalité, et cela sur trois points différents assez éloignés les uns des autres.

Si ces caprices des épidémies, qu'elles frappent sur les végétaux, sur les animaux ou sur l'homme, peuvent souvent s'expliquer par les mauvaises conditions d'hygiène, de salubrité, de santé où se trouvent les individus ou les quartiers les plus éprouvés, il n'en est certes pas de même ici où les points atteints de mortalité sont dans les meilleures conditions possibles, ou au moins dans des conditions aussi favorables que tout ce qui les avoisine.

Ce phénomène doit cependant avoir une cause... Où la trouver? Ne serait-ce pas dans quelque espèce particulière d'engrais qui disposerait le parasite à prendre ou la plante à être prise?

La Commission commença sa visite par un jeune aramon situé sous le village, au sud-est et au-delà d'un petit cours d'eau qui entretient la fraîcheur et l'ombrage dans tous ses environs.

La maladie avait incontestablement fait son apparition en ce lieu, mais elle y était encore peu intense et peu étendue.

Elle avait débuté, remarquons-le, par la partie inférieure; mais la pente était si douce et le sol, bien nivelé, si profond et formé d'une terre si riche et si docile au travail, qu'il était bien difficile de découvrir une *cause prédisposante*.

En se dirigeant du sud-est vers le nord-ouest, direction que nous devions garder jusqu'à la fin, la Commission traversa un aramon contigu et n'y trouva d'autres vestiges de maladie que la teinte rougeâtre des feuilles, qui était au reste fort répandue, comme nous en avons déjà fait l'observation.

En sortant de cette vigne nous nous trouvâmes devant les ruines, assez bien conservées encore, de l'ancienne église du village.

Après une petite halte, nous continuâmes notre visite, et à une demi-heure de distance nous trouvâmes une jeune carignane, située à droite du chemin, dans une bonne terre de plaine, dont le sous-sol, d'après nos souvenirs, doit être argileux.

Le mal avait ici plus d'étendue et de gravité que sur le premier point, et c'est là tout ce que nous pûmes constater, car si nous faisions du chemin, nous n'avancions guère dans le champ des découvertes.

Bientôt nous eûmes à traverser les garrigues pittoresques de Bizanet au milieu desquelles nous rencontrâmes le morne et imposant squelette d'un ancien monastère, *phare éteint dans ce désert*. Là le vent de la dévastation avait passé un jour, plus furieux encore que celui qui frappe sur nos vignes aujourd'hui.

Après avoir satisfait notre curiosité bien naturelle et nous être délassés un peu, nous continuâmes à gravir assez longtemps encore une longue suite de sentiers raboteux pour arriver au superbe plateau de Bouquinia.

— *Bou-qui-n'y-a !*

Les vignes étaient là, avant l'invasion, jeunes, vigoureuses, assises sur un bon fonds et très bien tenues, ce qui ne les a pas protégées contre le mal.

Une grande vigne surtout était si maltraitée que la

Commission se vit dans la pénible nécessité, pour couronner sa mission, de donner à l'unanimité l'extrême conseil d'arracher ; et malheureusement ce conseil a dû être suivi.

Nous allons maintenant finir par la plaie sensible, par la constatation du mal sur notre propriété ; et nous n'aurons pas même la consolation de pouvoir taxer le parasite de frugalité, car il s'en est pris aux trois meilleures de nos vignes.

En face de la maison de campagne se trouve une très bonne vigne de douze ans, en aramon et terret-bourret ; le terret situé sur une terre de gravier descend en pente insensible vers l'aramon planté sur une terre forte de plaine.

Dans cette vigne il y a eu, en 1867, çà et là, et sans distinction de cépage ni d'autres conditions, le germe de la maladie assez répandu, et même quelques souches mortes d'étisie ; et, ce que je n'ai vu nulle autre part, on trouvait en même temps, sur la même souche, des bras bien verts et vigoureux et des bras étiolés et mourants.

En 1868, après les catastrophes du froid et de la sécheresse, pas de trace de maladie dans cette vigne.

Si l'on avance vers le nord, on tombe à angle droit sur le chemin de St-Sigismond qui, sauf quelques rares exceptions, est partout bordé et entouré de vignes.

Après quelques pas, on rencontre sur la droite du chemin une jeune carignane plantée sur une bonne terre de gravier, et du même côté, un peu plus bas dans la plaine, se trouve, séparée par le sol et un champ — il y a encore des champs ici — une autre vigne de cinq ans en brun-fourcat et carignane.

Comme nos remarques présentent quelque intérêt sur ces deux points, il est bon de les marquer d'un signe pour plus de clarté.

La légende nous apprend que saint Sigismond eut la tête tranchée par ordre de son père, roi de Bourgogne, sur l'emplacement de la première vigne, et que cette tête, jetée dans un puits qui est près de là, de l'autre côté du chemin, s'en fut en roulant sortir dans l'église de Lamourguier.

C'est encore au puits de saint Sigismond que l'on venait en procession dans les années de sécheresse demander à Dieu de faire un miracle.

Je vois d'ici les philosophes sourire, et les athées hausser les épaules.

Pour moi, si je ne crois pas à la légende, ma raison ne se refuse pas de croire au miracle, deux choses qu'il ne faut pas confondre, comme le fait M. Renau.

Et au nom de cette liberté que les *libres-penseurs* aiment tant.... pour eux, je demanderai qu'il me soit permis, si je crois en Dieu, de croire aussi que rien ne peut limiter sa puissance et sa bonté.

Je crois, et moins heureux que saint Thomas qui a vu, je crois sans voir. Je crois sans voir, car aujourd'hui qu'on a appris à se passer de Dieu, ce qui n'est pas sans doute ce que l'on fait de mieux, on a oublié le chemin du puits de saint Sigismond.

Encore un mot sur la vigne de la plaine et je me hâte de rentrer dans mon sujet, car on serait bien capable de m'accuser de demander des prières publiques pour la disparition du puceron, de demander qu'on fasse pour le vin ce que l'on faisait pour l'eau.

J'avoue même que dans ce cas je me croirais plus

raisonnable que les esprits forts, faibles logiciens qui, insurgés contre le surnaturel, vont avec un grand élan de cœur et de foi, dans l'épouvante de la peste ou du choléra, qui ne sont peut-être que des maladies parasitaires, se prosterner aux pieds de saint Roch.

Bon Dieu, priez pour eux !

La seconde vigne se trouve placée dans la plaine de Malasan ou Marasan — (*mare de sang, sang de maure*), — à cause d'une grande bataille qui s'y serait livrée ; et peut-être — *mal san* ou *marais salan*, — cette plaine n'ayant été dans les temps passés qu'un grand marécage.

La vigne de Saint-Sigismond s'était toujours montrée fort vigoureuse ; jamais un symptôme insolite n'était venu troubler notre quiétude, quand, en 1867, les choses changèrent tout-à-coup d'aspect.

Mon étonnement fut grand quand je vis qu'une métamorphose s'était opérée sur toute la surface de la vigne, dans une infinité de feuilles ; et mes craintes furent très vives quand je crus pouvoir trouver une filiation intime entre ce phénomène et la nouvelle maladie : l'altération des feuilles, suivant toujours l'étisie pendant l'épidémie, comme l'ombre suit le corps au soleil.

Malgré le fâcheux état des feuilles, il n'y avait pas ici de mortalité par l'étisie ; la vigne s'était développée comme d'habitude, et avait fourni une récolte ordinaire qui arriva à une parfaite maturité. A ce degré de la maladie, les progrès de la végétation ne sont pas encore compromis.

Les feuilles malades avaient, dans le printemps, une teinte rouge assez bien prononcée ou une couleur d'un rouge brunâtre, plus ou moins foncée.

En été le mal se concentra en s'aggravant vers le mi-lieu de la vigne ; là plusieurs rangées de souches conti-guës étaient fort sensiblement atteintes : dans tout le pourtour de la souche, à partir de la base, toutes les feuilles perdaient leur belle couleur de vert foncé, elles se flétrissaient et leur limbe se desséchait et se recro-quevillait vers le haut, dans l'étendue de deux centimè-tres environ. Le mal était si prononcé qu'on l'aperce-vait du chemin. Je fis enlever les feuilles les plus malades dans la crainte de quelque contagion, celles qui res-taient devant suffire aux fonctions physiologiques de l'arbuste. Au reste, dans cette vigne, la chute des feuilles ne fut pas avancée ; elle n'arriva comme d'ordinaire qu'à l'époque des gros froids.

En 1868, cette vigne a été très éprouvée comme tou-tes les autres par la sécheresse rendue peut-être plus sensible à cause des gros froids qui avaient précédé ; elle n'a donné qu'une faible végétation et n'a fourni qu'une bonne demi-récolte.

La remarque capitale, c'est que, quoique ou parce que éprouvée, cette vigne a vu disparaître en 1868 toute trace de mal ayant quelque rapport avec la nou-velle maladie, et cela sans que nous ayons pu en expli-quer le pourquoi ni le comment, à moins d'admettre l'hypothèse.

La vigne de Malasan, placée en regard de celle que nous quittons, présentait, en 1867, sur la partie en brun-fourcat surtout, les prodromes de la maladie bien prononcés, mais avec des caractères autres que ceux que nous avions vus déjà. Les feuilles d'un vert rouillé, brunâtres, flétries, languissantes, faisaient diagnosti-quer une affection profonde, et ce qui venait confirmer ce funeste présage, c'est que, vers le milieu du bord qui regarde le nord, l'étisie avait commencé de faire quelques victimes sur deux points, et sur les endroits, même, les plus propices à la vigne. C'est que, à l'entour de ces souches mortes ou mourantes, un bon nombre d'autres, minées par la souffrance, perdirent leurs feuilles vers la fin d'août.

Il est bon cependant de noter que dans tout le reste de la vigne les feuilles ne tombèrent que vers la fin de l'automne, et que la récolte, la première qui commençât à compter, fut assez abondante et mûrit bien.

En 1868 cette vigne a été si éprouvée par le froid et la sécheresse, qu'elle n'a produit que dix ou douze comportes de raisins, quand elle en avait donné cent l'année d'avant pour ses débuts.

Elle a souffert au point que quelques souches n'ont pas poussé et que d'autres n'ont donné que quelques bouquets de feuilles sur des jets avortés. Sa végétation a été si chétive et la production si insignifiante, que, sans deux ou trois rangées fort belles qui se trouvaient sur un ancien fossé, la récolte eût été nulle.

A ce piteux état venait s'ajouter le retour de l'altération des feuilles et l'aggravation fort sensible de l'étisie qui s'avançait en serpentant à droite et à gauche jusque vers le milieu de la vigne qu'elle ne dépassa guère.

Ce résultat avait été prévu dès l'an dernier, et nous ne pouvons pas dire pour quelle part y sont entrés le froid et la sécheresse.

A Saint-Sigismond comme dans la plaine de Malasan, la maladie n'a pas dépassé ces deux vignes, et on ne la vue nulle autre part dans ces contrées.

Il nous arrive des plaintes de quelques communes

des environs, assez maltraitées d'ailleurs, sans que toutefois le mal paraisse avoir toute la gravité qu'il présente chez nous.

Dans notre circonscription où la maladie s'est certes montrée avec toutes ses conséquences fâcheuses, elle n'a pas cependant pris de trop grandes proportions; car après avoir commencé à la Caforte, chez M. de Beauxhostes, et à l'Arnet, chez M. Peyras, et s'être ensuite étendue chez quelques-uns de leurs voisins, elle s'est tout à fait arrêtée chez nous.

Nous venons de faire arracher quelques souches entièrement séches à l'extérieur, et nous avons trouvé leurs racines tantôt mortes et tantôt vivantes encore; l'écorce de ces racines était noire, désorganisée et recouvrait de ses lambeaux de petits sillons et quelques renflements qui paraissaient être des suçons.

Et cependant nous n'avons pas trouvé de puceron, soit que nous ayons laissé passer le temps opportun en ne le cherchant que sur des racines trop malades et déjà abandonnées; soit enfin que dans nos contrées le puceron se trouve remplacé par quelque espèce de ver qui, caché dans son fourreau de sable, aurait échappé à nos investigations.

Au moment d'arriver au traitement, nous devons serrer notre argumentation pour préciser la nature de la nouvelle maladie et pour démontrer qu'elle n'a et ne peut avoir que le parasite pour cause.

Un des praticiens les plus distingués de notre ville me disait un jour : Dieu a créé une quantité de matière déterminée, matière animée et matière inerte, pas un atome ne doit être détourné de sa voie; quand la vie prend le dessus la mort vient réclamer son contingent, et *vice versâ*; pas une molécule ne doit rompre l'équilibre, la grande harmonie de la création, pas même l'invasion de la vigne.

Comme d'ailleurs le parasitisme est la loi commune de l'existence, la propagation indéfinie des vignes leur a créé des ennemis. Faites des marais et vous aurez des moucherons qui, sans doute, eux aussi, auront leurs parasites.

Rien n'est plus facile que de faire des parasites : les aigles vont sur les champs de bataille; les mouches autour d'un grand festin; les moucherons dans les caves, aux vendanges; les fourmis dans les aires, à la moisson; il se pourrait donc que la multiplication sans borne de la vigne eût provoqué une nouvelle invasion de parasites.

Voyons, d'ailleurs, si l'étude de la pathologie végétale, dans l'ordre de la nature, ne nous conduira pas à la conclusion d'une maladie parasitaire de la vigne?

En médecine, il existe dans les traités de nosologie une grande classe de maladies dont on ignore la nature et le siége, ce sont les maladies essentielles : ici tout est mystère, et cependant on est arrivé quelquefois à trouver, par un empirisme raisonné, le spécifique pour les guérir.

Sur le pôle opposé se trouvent les maladies parasitaires dont on découvre à l'œil nu la cause, le siége et la lésion : dans ce cas, la difficulté consiste moins dans la découverte du spécifique que dans les obstacles que fait naître son emploi.

La nouvelle maladie de la vigne peut-elle être classée parmi les affections constitutionnelles, qu'elles soient essentielles, diathésiques ou de tout autre nature, agissant seule, ou ayant le parasite pour complication ? Nous ne le croyons pas, rien ne venant démontrer ou justifier cette proposition.

L'exemple du passé pourrait, au besoin, servir de preuve concluante à notre opinion ; car, dans le passé, on a toujours vu les végétaux frappés isolément et jamais en masse, sinon dans certaines invasions parasitiques.

La pathologie des maladies internes, soit générales ou locales, du règne végétal est d'ailleurs encore à faire, et jusqu'aux cas de vétusté, on a tout rejeté sur les *circum-fusa* ou causes accidentelles externes, tant les cas isolés de maladie ou de mortalité par cause occulte, que les lésions organiques qui tombent sous nos sens : gerçures, caries, pourritures, etc., sans qu'on ait pensé à leur assigner une cause idiopathique jusqu'à ce jour où le besoin s'en fait sentir pour l'utilité de la cause.

Mais si les maladies internes ne peuvent pas expliquer le nouveau désastre qui nous frappe, le parasite, au contraire, pris en flagrant délit, au moins dans la vallée du Rhône, à toutes les périodes de la maladie, depuis le premier jusqu'au dernier degré — donnant lieu par ses violences au *traumatisme* et par ses déprédations à l'épuisement de la sève — peut parfaitement rendre compte de tous les phénomènes morbides, depuis les symptômes prémonitoires jusqu'à l'étisie et à la pourriture de l'*écorce* des racines ; sans exclure cependant la possibilité que certaines conditions particulières ne puissent rendre les ravages plus sensibles.

Traitement.

Si l'on admet le parasite comme cause spécifique, puceron ou ver-rongeur, une indication principale domine la thérapeutique de la nouvelle maladie : il faut faire disparaître le parasite.

Comme il n'est pas possible d'atteindre partout l'animalcule avec le toxique, comme il n'est pas possible de mettre partout le parasite en contact avec le parasiticide, il importe de lui opposer une substance à odeur pénétrante qui lui soit antipathique, et dont l'action délétère dure fort longtemps et s'étende fort loin.

Pour premier précepte, nous conseillerons de commencer le traitement à la première apparition du mal, si c'est possible.

Une fois cette décision prise, afin de remplir le plus d'indications possibles, voici ce qui nous a paru le plus rationnel et devoir être le plus efficace.

Faire déchausser les souches assez profondément et assez largement ; laisser le trou ouvert pendant quelques jours pour faire périr le plus possible de parasites ; badigeonner le pied de la souche depuis le collet jusqu'aux racines avec le coaltar ; mettre dans le trou de deux cent cinquante à trois cents grammes de terre coaltée [1], et par dessus cette terre une quantité convenable de fumier d'écurie ou de tout autre engrais que l'on jugera avantageux.

---

(1) Nous venons de traiter un carré de la vigne de la plaine, en badigeonnant la partie souterraine de la souche avec un mélange de soufre et de coaltar et en mettant dans le trou le soufre coalté.

Il sera tenu bonne note du résultat.

Il est fort essentiel, comme on l'a recommandé, d'augmenter les façons que l'on donne à la vigne, pour entretenir sa vigueur; car un supplément de culture vaut plus qu'une demi fumure.

Ce traitement ne paraît pas nouveau, il ne l'est pas au moins pour nous qui avions, l'an passé, avant d'avoir entendu recommander le coaltar, employé avec un grand avantage le soufre coalté contre l'oïdium, et la terre coaltée contre la nouvelle maladie, mais, nous devons le dire, avec un succès moins signalé dans ce cas. Il est vrai que nous n'avons opéré que sur des souches agonisantes et pendant les plus dures épreuves de la sécheresse.

Nous espérons bien mieux des expériences que nous faisons en ce moment, et dont nous rendrons un compte fidèle en temps utile.

Il ne suffit pas, d'ailleurs, de savoir qu'un remède est bon, il faut avant tout savoir l'employer avec méthode.

L'antimoine, par exemple, qui est un agent thérapeutique assez précieux, a commencé par tuer des moines, comme son nom l'indique.

La terre coaltée, selon qu'elle est bien ou mal préparée, doit faire réussir ou manquer le traitement.

Une bonne terre coaltée a des propriétés si surprenantes qu'elles restent inexplicables. Son odeur empyreumatique, qui ne s'efface jamais, domine et anéantit à l'instant toutes les autres senteurs, bonnes ou mauvaises. Les insectes poursuivis par cette odeur qu'ils trouvent violemment repoussante, s'agitent, vont et viennent comme des fous furieux et cherchent le plus court chemin de la fuite, pour éviter l'asphyxie.

On a proposé une terre à deux pour cent — et c'est
la seule dont on ait parlé — ce n'est pas assez. A cette
dose ses effets seraient insignifiants.

La bonne terre coaltée peut rendre comme insecti-
fuge les plus grands services à l'agriculture.

On pourra avec son secours débarrasser la vigne des
insectes qui lui sont si préjudiciables ; délivrer les ar-
bres fruitiers ou d'agrément des fourmis, des pucerons
et de tous les autres parasites qui les dévorent et
chasser des luzernes l'eumolpe ou négril qui les ronge.

Comme la vertu et la fidélité de tout agent quelconque dépend surtout de son mode de préparation, nous
avons étudié avec soin la matière avec deux savants
du premier mérite, dont la modestie ne veut pas per-
mettre qu'on les nomme.

Découverte

15 février 1869. — Un ouvrier fort intelligent qui est
à mon service avait observé depuis peu qu'une des
souches séchées par l'étisie et que nous avions laissées
en place parce que leurs racines étaient vivantes, venait
de pousser des feuilles sous l'influence de la tempéra-
ture exceptionnelle qui règne cette année, et pensait-il
sous l'influence du traitement.

Le fait se passait dans la vigne de la plaine de Malasan.

Je me rendis sur les lieux et je pus constater
ce phénomène de végétation précoce ; et, chose plus
surprenante, je vis que la pousse sortait d'un œil qui

se trouvait à la naissance d'un petit sarment de l'an passé qui paraissait totalement sec.

Les quelques autres souches sèches que nous avions gardées pour expérience, dans l'idée de voir surtout s'il sortirait de terre quelque rejeton, n'avaient pas encore fait de mise, mais elles avaient repris leur vitalité, comme nous le prouvèrent quelques entailles faites sur le bois. La vie épuisée et concentrée de l'arbuste, régénérée par l'humidité et la chaleur, s'était retrempée à sa source et faisait expansion au dehors.

Il était fort essentiel de constater l'état des racines et c'est ce que je me suis empressé de faire. J'ai trouvé leur extérieur noir, sillonné, et lisse encore quelquefois sous un épiderme en lambeaux ; le plus souvent il était rugueux, recouvert d'une couche proéminente, ridée, noire, éraillée, écaillée et toute labourée ; et cependant en fouillant cette espèce de couenne psorique formée par la dessiccation des humeurs putréfiées et par l'altération du derme épaissi, hypertrophié par l'inflammation, altérations organiques et détritus d'humeurs liés ensemble et intimément confondus ; et cependant en fouillant cette pourriture, nous n'avons pas trouvé de parasites, soit qu'ils eussent disparu par l'effet de la gravité du mal ou par l'action salutaire du traitement. L'intérieur des racines était sain et gonflé de sève.

Jusqu'ici nous n'avions cherché le parasite que sur des souches bien malades ; c'était là un tort grave, il fallait le réparer. Nous nous sommes transporté de suite sur un point de cette vigne qui n'avait pas été traité et où le germe de la maladie s'était montré avec beaucoup d'intensité.

Les racines enlevées nous présentèrent toujours le

même aspect. En faisant nos recherches nous enlevâmes quelques portions de la couche corticale soulevée, et nous vîmes avec une surprise qui se comprend sans peine, attaché à la racine, un petit corps rouge, de forme ronde ou légèrement ovoïde, du volume d'une bien petite graine. Bientôt l'objet échappa à nos regards, il avait changé de place, nous le retrouvâmes un peu plus loin.

Nous avons plusieurs fois répété l'expérience et toujours nous avons trouvé sous les haillons soulevés de l'écorce le même corpuscule rouge qui disparaissait par de petits mouvements de progression, et qui parut nous échapper une ou deux fois par un petit saut de puce.

Le parasite était enfin trouvé, le but de nos recherches était atteint.

En ce moment, par un hasard providentiel, arrivèrent deux de mes amis, M. Adolphe Saisset et son neveu M. Babou, qui venaient me voir de Béziers et qui ne m'ayant pas rencontré à Narbonne vinrent me trouver à la campagne.

Ces messieurs virent, revirent et observèrent le petit insecte, sa forme, sa couleur, sa grosseur et ses petits mouvements. Ils en virent même plusieurs attroupés sur la même racine.

Nous voulûmes en détacher un avec la pointe du couteau; mais comme nous étions en plein vent et que nous n'agissions pas avec toute la lenteur et la patience que comporte une expérience délicate, nous ne pûmes pas réussir; nous crûmes l'avoir écrasé, il nous sembla avoir touché un corpuscule, un atome pulpeux recouvert d'une fine membrane.

Toujours, nous avons trouvé le parasite sous l'écorce malade et soulevée des grosses racines, et surtout au voisinage du tronc ; jamais sur les radicules, qui étaient intactes.

Nous revînmes aux souches traitées et frappées au même degré de maladie que celles qui nous servaient d'expérience, et sans en tirer une conclusion trop favorable et peut-être trop précipitée, toujours est-il que, malgré nos recherches répétées, nous ne trouvâmes pas d'insecte sur leurs racines ; c'est ce qu'ont vu et peuvent attester quatre témoins honorables.

Nous avons parlé, dans le courant de notre dissertation, avec un ton d'optimisme un peu trop rassurant, mais aujourd'hui que nous avons vu les racines possédées par le Méchant, que nous les avons vues habitées par le dévastateur ; aujourd'hui que nous avons vu le spectre rouge en réalité, nous sommes bien loin de garder notre assurance ; nous sommes à nous demander ce que vont devenir les vignes qui sont ou qui ont été attaquées par ce vorace Rouget, et jusqu'où s'étendra l'invasion ? Nous nous demandons si l'existence des parasites est éphémère ou s'ils naissent toujours fécondés pendant plusieurs générations successives comme le puceron du chêne ?

Notre travail était terminé quand nous avons fait la découverte, et comme le temps nous manque, nous n'avons pas cru devoir en modifier une seule expression ni une seule pensée, d'autant que ce fait de la dernière heure semble venir confirmer toutes les parties théoriques ou pratiques de notre œuvre.

Le puceron de la Provence n'est pas certainement le puceron de l'Aude, puisque l'un est jaunâtre et que l'autre est d'un rouge cerise. Mais comme tous ces parasites sont doués d'un système nerveux également délicat, ils doivent, sans nul doute, être vaincus par les mêmes armes.

Nous avons voulu revoir, après ce fait important, la vigne de Saint-Sigismond, et ses racines ont été trouvées très malades, comme celles d'un aramon contigu [1] sur lequel cependant l'altération des feuilles n'avait pas été trop sensible. Les racines des autres vignes que nous avons parcourues nous ont paru en assez bon état. Mon compagnon, qui a des yeux de lynx, a cru voir deux fois le parasite à Saint-Sigismond, mais sans pouvoir en acquérir une certitude absolue.

La pourriture de l'écorce des racines était si forte, que je me suis demandé si le puceron avait passé par là, et avait disparu, au moins momentanément, — le mauvais état des racines persistant toujours, — ou s'il existerait réellement une maladie parasitaire cryptogamique, une moisissure des racines, indépendante du puceron?

Mais l'état des racines de la vigne de Saint-Sigismond est bien le même que celui des racines de la vigne de Malasan où le puceron est visiblement logé.

Mais le puceron a été vu en Provence à tous les degrés de la maladie, et même sur des racines saines avant que la pourriture se fût déclarée : ce qui prouve que c'est bien la sève qui attire le puceron et que c'est lui qui cause la maladie des racines.

Si le puceron était attiré par le cryptogame et non pas par la sève, pourquoi déserterait-il les souches mou-

---

[1] Encore une dépouille opime.

rantes ou mortes au moment où la sève fait défaut et où la pourriture abonde?

Il faudrait admettre que le cryptogame se sèche avec la souche, tandis que l'on sait que les champignons prospèrent sur le bois sec et sur tous les détritus.

Pour nous qui avons vu le ciron moléculaire à l'œuvre, nous pouvons affirmer que nous l'avons trouvé, non pas sur les parties extérieures sphacélées de la peau, mais dans un sillon, sous les granulations et les papilles dilatées et allongées du derme. Il était là éteignant lentement, par degrés, la vie de l'arbuste, en poursuivant la destruction du corps des racines, après avoir causé la gangrène, la mortification de leur écorce.

Pour couper court, d'ailleurs, à ce point de controverse dont le problème nous paraît résolu; en admettant l'existence d'une affection produite par un parasite végétal que viendrait aggraver la présence d'un parasite animal, nous aurions toujours à faire à des maladies parasitaires, et le traitement serait toujours le même; le parasiticide devenu et insecticide et phyticide n'en remplirait qu'un rôle plus important. L'idée d'un vice interne spécifique n'a plus de valeur aujourd'hui.

Conclusion

L'oïdium, l'ancienne maladie de la vigne, celle qui s'étend si loin et qui dure depuis si longtemps, a pour cause un parasite végétal; c'est un fait incontesté aujourd'hui.

Les progrès subits de la nouvelle maladie coïncidant avec les gros froids et la sécheresse, on a pu croire un instant que le mal pouvait dépendre de ces deux accidents et de bien d'autres conditions fâcheuses où pourrait se trouver la vigne; mais bientôt la découverte d'un petit insecte sur les racines est venue modifier les opinions; et dès-lors, sans perdre de vue que certaines circonstances défavorables peuvent venir aggraver le mal, on a dû cependant assurer, avec toute certitude, que la nouvelle maladie est causée par un parasite animal.

Du moment qu'il est bien constaté que les deux maladies ont les parasites pour cause, on peut affirmer, sans danger de se tromper, qu'elles ne peuvent être combattues avec succès que par les parasiticides, et que tous les autres moyens employés ne doivent être rangés que parmi les réparateurs.

Nous allons résumer, en terminant, ce que nous avons dit sur le traitement des deux maladies.

Contre l'oïdium. — Notre avis arrivant un peu tard, cette année, pour le traitement avant la pousse, — le principe de cette révolution radicale et féconde gardant sa force virtuelle, — nous nous bornerons à recommander de toutes nos forces, en vue des souffrages après la pousse, de remplacer le soufre pur par le soufre coalté.

Contre la nouvelle maladie. — Nous recommandons de badigeonner la partie souterraine de la souche avec le coaltar; mais surtout et par dessus tout, de mettre assez profondément dans le trou la terre coaltée, qui est l'âme du traitement.

Si, en suivant cette conduite, on favorise la vigne de quelques soins supplémentaires, on doit arriver à de bons résultats contre le mal et ses conséquences.

Notre tâche accomplie, nous pouvons affirmer que nous nous estimerons trop heureux si nos avis peuvent rendre de bons et utiles services.